TIBURONES BLANCOS

Julie K. Lundgren
Traducción de Sophia Barba-Heredia

Un libro de El Semillero de Crabtree

ÍNDICE

Apoyos de la escuela a los hogares para cuidadores y maestros

Este libro ayuda a los niños en su desarrollo al permitirles practicar la lectura. Abajo están algunas preguntas guía para ayudar al lector a fortalecer sus habilidades de comprensión. En rojo hay algunas opciones de respuesta.

Antes de leer:

- ¿De qué pienso que tratará este libro?
    - *Pienso que este libro es sobre tiburones blancos.*
    - *Pienso que este libro me dirá qué comen.*

- ¿Qué quiero aprender sobre este tema?
    - *Quiero aprender dónde viven los tiburones blancos.*
    - *Quiero aprender cuántos dientes tienen.*

Durante la lectura:

- Me pregunto por qué...
    - *Me pregunto qué herramientas son usadas para estudiar a los tiburones blancos.*
    - *Me pregunto por qué las personas matan a los tiburones para obtener sus dientes.*

- ¿Qué he aprendido hasta ahora?
    - *Aprendí que cada aleta de tiburón es única como las huellas dactilares.*
    - *Aprendí que ellos nadan tanto en aguas profundas como en aguas no profundas.*

Después de la lectura:

- ¿Qué detalles aprendí de este tema?
    - *Aprendí que el tiburón blanco es el más mortífero cazador del océano.*
    - *Aprendí que ellos atrapan y comen rayas, tortugas de mar y lobos marinos de California.*

- Lee el libro de nuevo y busca las palabras del glosario.
    - *Veo la palabra **acechan** en la página 6 y la palabra **dorsal** en la página 16. Las demás palabras del vocabulario están en las páginas 22 y 23.*

TIBURONES BLANCOS

¿Qué peces son los cazadores más mortíferos del océano?

¡Los tiburones blancos! Ellos atrapan **presas** grandes.

DESDE LOS ARCHIVOS

Rayas, tortugas de mar y lobos marinos de California son presas de los tiburones blancos.

Los tiburones blancos **acechan** desde abajo, luego avanzan rápidamente hacia su presa, que está arriba.

Pueden sentir el movimiento de animales **distantes**.

DESDE LOS ARCHIVOS

Los tiburones blancos pueden ver y oír bien.

Con sus filosos **dientes** rebanan la comida. ¡Gulp!

Nadan tanto en aguas profundas como en aguas **poco profundas**.

Hay herramientas que nos ayudan a estudiar a los tiburones.

Cada tiburón tiene una aleta **dorsal** que no es como la de ningún otro tiburón.

DESDE LOS ARCHIVOS

Reconocemos a cada tiburón por su aleta, ¡como una huella dactilar!

Hay personas que matan a los tiburones para obtener sus mandíbulas, dientes y aletas.

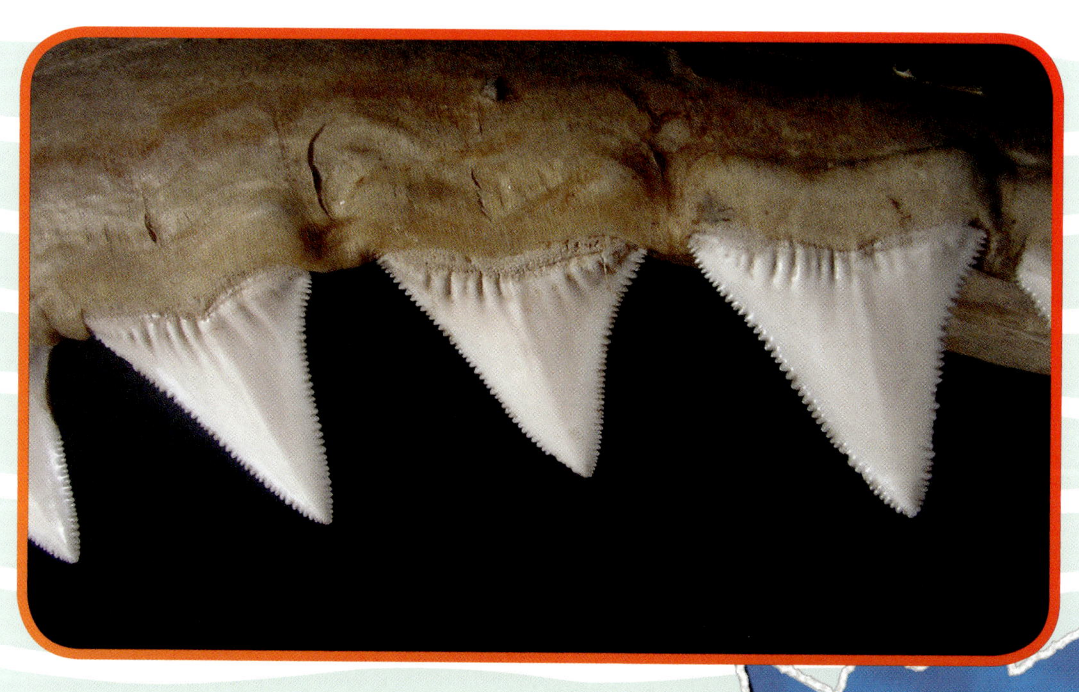

Hay mucho más por aprender sobre los tiburones blancos.

GLOSARIO

acechan: Que se esconden en cauteloso silencio.

dientes: Los dientes son las partes blancas y huesudas dentro de la boca, son usados para morder y masticar.

distantes: Los objetos o animales distantes son los que están lejos.

dorsal: Una aleta dorsal es la aleta que está en lo alto de la espalda del tiburón.

poco profundas: Las aguas poco profundas no son hondas y usualmente están cerca de tierra firme.

presas: Las presas son animales cazados y comidos por otros animales.

Índice analítico

Acerca de la autora

Julie K. Lundgren

Julie K. Lundgren creció cerca del Lago Superior, donde se divertía jugando en el bosque, recogiendo moras y expandiendo su colección de rocas. Sus intereses la llevaron a hacer una carre en Biología. Vive en Minnesota con su familia.

Sitios web (páginas en inglés):

www.montereybayaquarium.org/animals/animals-a-to-z/white-shark

www.natgeokids.com/uk/discover/animals/sea-life/great-white-sharks

Written by: Julie K. Lundgren
Designed by: Jennifer Dydyk
Edited by: Kelli Hicks
Proofreader: Melissa Boyce
Translation to Spanish: Sophia Barba-Heredia
Spanish-language layout and proofread: Base Tres
Print and production coordinator: Katherine Berti

Photographs:
Shark illustration on cover logo © BATKA/Shutterstock; white shark illustration for "FROM THE FILES" © Dashikka/Shutterstock; Cover photo © Sergey Uryadnikov/Shutterstock; Page 3 © RamonCarretero/istock; page 4 (ray and sea turtle) © richcarey, (sea lion) © GlobalP/istock; page 5 © USO/istock; page 7 © Sergey Uryadnikov/Shutterstock; page 9 © Ramon Carretero/Shutterstock; page 11 © Martin Prochazkacz/Shutterstock; page 12 © Willyam Bradberry/Shutterstock; page 13 © Brent Barnes | Dreamstime.com; page 15 (top) © Stefan Pircher/Shutterstock, (bottom) © OCEARCH/R. Snow; page 17 © Sergey Uryadnikov/Shutterstock; page 18 © Alessandro De Maddalena/Shutterstock; page 19 © Andrey Simonenko | Dreamstime.com; page 21 © USO/istock; page 22 (top photo) © Aerial-motion/Shutterstock

Library and Archives Canada Cataloguing in Publication
Title: Tiburones blancos / Julie K. Lundgren ; traducción de Sophia Barba-Heredia.
Other titles: Great white sharks. Spanish
Names: Lundgren, Julie K., author. | Barba-Heredia, Sophia, translator.
Description: Series statement: Los archivos del tiburón | Translation of: Great white sharks. | Includes index. | "Un libro de el semillero de Crabtree". | Text in Spanish.
Identifiers: Canadiana (print) 20210258586 | Canadiana (ebook) 20210258594 | ISBN 9781039621152 (hardcover) | ISBN 9781039621213 (softcover) | ISBN 9781039621275 (HTML) | ISBN 9781039621336 (EPUB) | ISBN 9781039621398 (read-along ebook)
Subjects: LCSH: White shark—Juvenile literature.
Classification: LCC QL638.95.L3 L8618 2022 | DDC j597.3/3—dc23

Library of Congress Cataloging-in-Publication Data
Names: Lundgren, Julie K., author.
Title: Tiburones blancos / Julie K. Lundgren ; traducción de Sophia Barba-Heredia.
Other titles: Great white sharks. Spanish
Description: New York : Crabtree Publishing, [2022] | Series: Los archivos del tiburón - un libro el semillero de Crabtree | Includes index.
Identifiers: LCCN 2021031761 (print) | LCCN 2021031762 (ebook) | ISBN 9781039621152 (hardcover) | ISBN 9781039621213 (paperback) | ISBN 9781039621275 (ebook) | ISBN 9781039621336 (epub) | ISBN 9781039621398
Subjects: LCSH: White shark--Juvenile literature.
Classification: LCC QL638.95.L3 L8618 2022 (print) | LCC QL638.95.L3 (ebook) | DDC 597.3/3--dc23
LC record available at https://lccn.loc.gov/2021031761
LC ebook record available at https://lccn.loc.gov/2021031762

Crabtree Publishing Company
www.crabtreebooks.com 1-800-387-7650

In Canada: We acknowledge the financial support of the Government of Canada through the Canada Book Fund for our publishing activities.

Published in the United States
Crabtree Publishing
347 Fifth Avenue
Suite 1402-145
New York, NY, 10016

Published in Canada
Crabtree Publishing
616 Welland Ave.
St. Catharines, Ontario
L2M 5V6

Printed in the U.S.A./092021/CG20210616